BEI GRIN MACHT SICH IHR WISSEN BEZAHLT

Johannes Tiegel

Zusammenhangsmaße

Korrelation

GRIN Verlag

Bibliografische Information der Deutschen Nationalbibliothek:

Die Deutsche Bibliothek verzeichnet diese Publikation in der Deutschen National-
bibliografie; detaillierte bibliografische Daten sind im Internet über http://dnb.d-
nb.de/ abrufbar.

Impressum:

Copyright © 2007 GRIN Verlag GmbH
Druck und Bindung: Books on Demand GmbH, Norderstedt Germany
ISBN: 978-3-640-21035-0

Dieses Buch bei GRIN:

http://www.grin.com/de/e-book/117885/zusammenhangsmasse

GRIN - Your knowledge has value

Der GRIN Verlag publiziert seit 1998 wissenschaftliche Arbeiten von Studenten, Hochschullehrern und anderen Akademikern als eBook und gedrucktes Buch. Die Verlagswebsite www.grin.com ist die ideale Plattform zur Veröffentlichung von Hausarbeiten, Abschlussarbeiten, wissenschaftlichen Aufsätzen, Dissertationen und Fachbüchern.

Besuchen Sie uns im Internet:

http://www.grin.com/

http://www.facebook.com/grincom

http://www.twitter.com/grin_com

Johannes Gutenberg Universität Mainz

Fachbereich 03: Rechts- und Wirtschaftswissenschaften

Lehrstuhl für Wirtschaftspädagogik

Wintersemester 2006/2007

HAUSARBEIT

zur Übung „Wirtschaftspädagogische Lehr-Lern-Forschung I"

Zusammenhangsmaße (Korrelation)

von

Johannes Tiegel

3. Semester Wirtschaftspädagogik

Abgabetermin: 10.01.2007

Inhaltsverzeichnis

1. Problemstellung

Statistische Verfahren werden benötigt, um im Rahmen von empirischen Fragestellungen Daten zu erheben, zu analysieren und auszuwerten. Dabei spielt nicht nur die verbale Beschreibung von Zusammenhängen, sondern auch die Intensität dieser eine wichtige Rolle (Fahrmeier 2004, V).

Die Korrelationsanalyse dient dazu, zahlenmäßige Abhängigkeiten von auftretenden, empirischen Daten zu ermitteln, diese auszuwerten und zu beurteilen (Rönz & Förster 1992, S. V). Hierzu ist es notwendig, statistische Verfahren zu kennen und die Zusammenhänge mathematisch ausdrücken zu können. Je nach Beschaffenheit der gegebenen Daten ist es erforderlich, verschiedene Skalen bzw. Koeffizienten zu finden, die den Anforderungen des Forschungsproblems entsprechen (Schulze 2000, S. 116). Nur so ist es möglich zu erkennen, ob und wie stark ein Zusammenhang zwischen Merkmalen besteht (Bohley 2000, S. 233). Weiterhin ist es notwendig zu klären, ob zwischen den betrachteten Merkmalen „wirkliche" oder nur „scheinbare" Zusammenhänge bestehen. (Schulze 2000, S.116).

Diese Arbeit beschäftigt sich mit dem Thema der Korrelation und im speziellen mit den verschiedenen Korrelationskoeffizienten und deren Anwendung. Dabei liegt der Blickpunkt ausschließlich auf zweidimensionalen Zusammenhängen, da bei mehrdimensionalen Zusammenhängen keine eindeutigen Interpretationen ohne weitere Vorrausetzungen möglich ist.

Zunächst wird in dieser Arbeit ein Überblick darüber gegeben, wie Korrelation bzw. Korrelationskoeffizienten definiert sind. Hieran anschließend werden in der Korrelationsanalyse, die Koeffizienten, die zur Messung von Korrelation benötigt werden, in nominal skalierte, ordinal skalierte und metrisch skaliert unterteilt.

Bei jeder der drei auftretenden Koeffizientenarten wird zunächst eine Definition der jeweiligen Art getroffen und eine Übersicht über die in der Literatur vorhandenen Koeffizienten gegeben. Da eine vollständige Erklärung jedes einzelnen Koeffizienten im Rahmen dieser Arbeit nicht möglich ist, wird jeweils der Koeffizient jeder Koeffizientenart näher beschrieben, der in der Literatur als der wichtigste angesehen wird. Zu dem soll dem Leser in den Anwendungsbeispielen, die auf jeden ausgewählten Koeffizienten folgen, die Möglichkeit gegeben werden, die abstrakten Formeln anhand von empirischen Daten zu verstehen.

Nachdem nun statistisch konkrete Zusammenhänge aus Daten ermittelt werden können, soll diese Arbeit noch einen kurzen Ausblick auf die Interpretation der

Korrelation und mögliche Probleme hierbei geben. Hierzu wird kurz das Problem der Scheinkorrelation dargestellt.

2. Definition von Korrelation und Korrelationskoeffizienten

Die Korrelation ist ein Maßstab für den Zusammenhang von zwei oder mehreren statistischen Variablen. Hierbei kann in positive und negative Zusammenhänge unterschieden werden. Es wird davon ausgegangen, dass eine Variable X nur dann einen Zusammenhang mit der Variablen Y besitzt, wenn eine Änderung von X, bei Beibehaltung aller anderen Variablen, eine Änderung der Variablen Y bewirkt. Hieraus ergibt sich die Frage, wie diese Beziehungen formal dargestellt werden können (Backhaus 2006, S. 344). Korrelationskoeffizienten beantworten diese Frage. Sie dienen dazu bestimmte Aspekte von Zusammenhängen summarisch, mit einer einzigen Zahl, darzustellen. Die Zahlenwerte der meisten Koeffizienten liegen zwischen 0 (keine Beziehung) und 1 (perfekte Beziehung). In bestimmten Fällen wird auch die Richtung der Beziehung angegeben. Die hierbei anzuwendenden Werte variieren meist zwischen −1 (perfekt negative Beziehung) und + 1 (perfekte positive Beziehung). Bei einem Zahlenwert von Null herrscht auch bei diesen Fällen kein Zusammenhang (Benninghaus 2001, S. 168). Je nach Beschaffenheit der benutzten Merkmale (Variablen), werden die Korrelationskoeffizienten nominalen, ordinalen, oder metrische Skalen zugeteilt (Schulze 2000, S. 116).

3. Korrelationsanalyse

3.1 Koeffizienten für nominal skalierte Merkmale

Nominal skalierte Merkmale stellen die einfachste Form der Merkmalszuordnung dar. Sie geben Klassifizierungen von Eigenschaftsausprägungen an. Beispiele hierfür sind: Geschlecht, Hautfarbe, Religion u.ä.. Oft werden die verschiedenen Ausprägungen, zur Verbesserung der Verarbeitung als Zahlen ausgedrückt. Hierbei ist zu beachten, dass diese Zahlen nur einem Merkmal zugeordnet werden und anstelle dieses stehen. Demnach sind mit ihnen keine arithmetischen Operationen erlaubt (Backhaus 2006, S. 4). Koeffizienten, die zur Berechnung von Daten mit nominal skalierten Merkmalen dienen sind: die *„Quadratische Kontingenz χ^2“*, der *„Phi- Koeffizient ϕ“*, der *„Kontingenzkoeffizient C“* und der *„Korrigierter Kontingenzkoeffizient C*“*. Die *Quadratische Kontingenz χ^2* ist der Koeffizient, der am häufigsten erwähnt wird. Jedoch wird er meist nur als Ausgangspunkt für weitere Koeffizienten verwendet, da er selbst von der Anzahl der Grundgesamtheit „N" und der Zeilen- / Spaltenanzahl abhängig ist. Somit kann er die Werte von 0 (kein Zusammenhang) bis unendlich annehmen. Eine direkte Aussage über den Grad des Zusammenhangs ist deswegen nur schwer möglich. Die Idee von χ^2 ist es, die absoluten Häufigkeiten mit den erwarteten Häufigkeiten bei Unabhängigkeit zu vergleichen. Die Formel der *Quadratische Kontingenz* χ^2 lautet :

$$\chi 2 = \sum_{i=1}^{m} \sum_{j=1}^{k} \frac{\left(f_{ij} - \frac{f_i(.)\, f_j(.)}{N} \right) {}^{\wedge} 2}{\frac{f_i(.)\, f_j(.)}{N}}$$

wobei:
$f_i(.) =$ Randverteilung von fi
$f_j(.) =$ Randverteilung von fj
m = Anzahl der Spalten
k = Anzahl der Zeilen

Der *Kontingenzkoeffizient C* normiert χ^2, so dass der Wert nicht weiter von „N" abhängig ist. Da dieser Wert immer noch von den Zeilen-/ Spaltenzahlen abhängig ist, muss er weiterhin korrigiert werden. Dies geschieht durch den *Korrigierter Kontingenzkoeffizient C**. Der sich ergebene Wert gibt den normierten Zusammenhang der Variablen an. Der Wertebereich liegt zwischen 0 und 1 (Rönz 1992, S. 318 f.)

Die Formel der Koeffizienten C und C* lauten:

$$C = \sqrt{\frac{\chi^2}{N + \chi^2}} \quad \text{und} \quad C^* = \frac{C}{\sqrt{\frac{M-1}{M}}} \quad \text{wobei } M = {}_{\min}(k,m)$$

Beispiel: 1

Der Fachbereich Mathematik der Universität Mainz möchte wissen, ob es einen Zusammenhang zwischen dem Bestehen einer Klausur im Fach Statistik und dem unterrichtenden Dozenten gibt.

Empirische Daten:

	Lehrer M.	Lehrer P.	RV
bestanden	19	18	37
nicht bestanden	43	20	63
RV	62	38	100

(Abb. nach Mosler S. 180)

$$\chi^2 = \frac{(19 - \frac{37*62}{100})^2}{\frac{37*62}{100}} + \frac{(18 - \frac{37*38}{100})^2}{\frac{37*62}{100}} + \frac{(43 - \frac{62*63}{100})^2}{\frac{37*62}{100}} + \frac{(20 - \frac{63*38}{100})^2}{\frac{37*62}{100}} = \mathbf{2,83}$$

3

$$K = \sqrt{\frac{2,83}{100 + 2,83}} = 0,166 \qquad\qquad K^* = \frac{0,166}{\sqrt{\frac{2-1}{2}}} = 0,235$$

Antwort : Es gibt nur einen schwachen Zusammenhang zwischen dem Bestehen der Klausur und dem unterrichtenden Dozenten.

3.2 Koeffizienten für metrisch skalierte Merkmale

Metrisch skalierte Merkmale werden in Kardinalskalen zusammengefasst, und stellen das höchste Niveau der Merkmalsausprägungen dar. Sie können noch einmal in Intervallskalen und Verhältnisskalen unterschieden werden. Bei beiden Typen können die Abstände zwischen den Ausprägungen interpretiert werden. Das Besondere an der Intervallskala ist, dass es bei dieser Form keinen Nullpunkt gibt und somit bestimmte Quotienten von Ausprägungen nicht interpretiert werden können (Bsp: Hans ist 3 mal so schwer wie Paul). Verhältnisskalen besitzen einen festen Nullpunkt. Somit kann bei diesen ein sinnvoller Quotient gebildet werden (Bsp. Thermometer) (Fahrmeier 2004, S. 18). Koeffizienten, die zur Berechnung von Daten mit metrischen Merkmalen dienen sind: die *„Empirische Kovarianz S_{xy}"* und der *„Empirische Korrelationskoeffizient ρ nach Bravais-Pearson"*. Da der   *„Empirische Korrelationskoeffizient ρ nach Bravais-Pearson"* auf der *„Empirische Kovarianz S_{xy}"* aufbaut, werden beide Koeffizienten dargestellt.

Die Formel der *„Empirische Kovarianz S_{xy}"* lautet:

$$\frac{1}{N} \sum_{i=1}^{N} (x(i) - \overline{X})(y(i) - \overline{Y})$$

Die Idee, die hinter diesem Maß zu Grunde liegt, ist es, die Abweichungen vom erwartetet, arithmetischen Mittel darzustellen. Je stärker sich die Wertepaare am arithmetischen Mittel von x und y orientieren, desto höher ist die Korrelation. Konzentrieren sich die beobachteten empirischen Werte x und y beide oberhalb bzw. beide unterhalb des arithmetische Mittel, herrscht ein positiver Zusammenhang (die Regressionsgerade hat eine positive Steigung). Geht aus den Daten hervor, dass bei der Mehrzahl der Wertepaare einer Steigerung (Verkleinerung) des Merkmals x eine Verkleinerung (Vergrößerung) des Wertes y zur Folge hat, besteht ein negativer Zusammenhang (die Regressionsgerade hat eine negative Steigung). Kommt man bei der Analyse der Daten zu dem Ergebnis, dass die Werte zu keinem der oben genannten Möglichkeiten eine Mehrheit bilden, so herrscht folglich kein Zusammenhang. Die Regressionsgerade hat somit die Steigung 0.

Das Problem der *Empirischen Kovarianz* ist jedoch, dass sie von den Maßeinheiten der gewählten Merkmale abhängig ist. Somit ist keine Vergleichbarkeit gegeben. Der Wertebereich liegt demnach zwischen 0 und +/- ∞.

Um eine vergleichbare, aussagekräftige Maßzahl zu bekommen muss die *Empirische Kovarianz* durch das Produkt der Standartabweichungen S_X und S_Y dividiert werden.

Hieraus erhält man den normierten *„Empirischen Korrelationskoeffizient ρ nach Bravais-Pearson"*. Dieser gibt nun eine unabhängige Maßzahl für den Grad des Zusammenhangs an. Sein Wertebereich liegt zwischen + 1 und –1. Wenn $\rho = 0$, dann sind die beiden Merkmale unkorreliert, bei $\rho > 0$ bzw. $\rho < 0$ heißen sie positiv bzw. negativ korreliert. Je größer der Betrag von ρ ist, desto stärker ist der lineare Zusammenhang zwischen den beiden Merkmalen, d.h. umso näher liegen die Werte an einer Geraden (Schulze 2000, S. 129).

Die Formel des *Empirischen Korrelationskoeffizient ρ nach Bravais-Pearson* lautet :

$$\rho = \frac{\sum_{i=1}^{N}(x(i) - \overline{X})(y(i) - \overline{Y})}{\sqrt{\sum_{i=1}^{N}(x(i) - \overline{X})^2 \sum_{i=1}^{N}(y(i) - \overline{Y})^2}}$$

Beispiel 2:

Ein Unternehmen besitzt N = 5 Filialen und möchte die Stärke des Zusammenhangs zwischen der Verkaufsfläche x(i) (in Tsd. qm) und dem Jahresumsatz y(i) (in Mio. €) quantifizieren.

Gegeben:

Berechnung von Hilfsgrößen:

Filialen	Verkaufs-fläche	Jahres-umsatz
	x(i)	y(i)
1	0,60	3,00
2	1,60	7,00
3	0,50	3,50
4	1,40	6,50
5	0,90	5,00
SUMME	5,00	24,50
Mittel-wert	1,00	5,00

x(i)- $\overline{X}$	y(i) - $\overline{Y}$	(x(i) - $\overline{X}$)²	(y(i) - $\overline{Y}$)²	(x(i) - $\overline{X}$)(y(i) - $\overline{Y}$)
-0,40	-2,00	0,16	4,00	0,80
0,60	2,00	0,36	4,00	1,20
-0,50	-1,50	0,25	2,25	0,75
0,40	1,50	0,16	2,25	0,60
-0,10	0,00	0,01	0	0
		0,94	12,50	3,35

(Abb. nach Schulze 2000, S. 130)

5

Berechnung des Korrelationskoeffizienten:

$$\rho = \frac{3,35}{\sqrt{0,94 * 12,50}} \approx 0.98$$

Antwort: Es gibt einen starken Zusammenhang zwischen der Verkaufsfläche einer Filiale und deren Jahresumsatz.

3.3 Koeffizienten für ordinalskalierte Merkmale

Ordinalskalierte Merkmale besitzen ein höheres Niveau der Merkmalsausprägungen als nominal skalierte Merkmale, jedoch ein niedrigeres als die metrisch skalierten. Da jedoch der folgende *„Rangkorrelationskoeffizient ρ_R nach Spearman"* auf dem oben genannten *„Empirischen Korrelationskoeffizient ρ nach Bravais-Pearson"* aufbaut, wurden diese Merkmalsausprägungen zuerst betrachtet. Bei ordinal skalierten Merkmalen ist es möglich zwischen den verschiedenen Merkmalen eine Rangordnung aufzustellen. Beispiele: Produkt A wird Produkt B vorgezogen, Schüler Meier ist fleißiger als Schüler Peter, Notenskala in der Schule; Die verschiedenen Untersuchungsobjekte können so miteinander verglichen werden. Die Rangfolge zwischen ihnen sagt jedoch nichts über die Abstände zwischen den verschiedenen Rängen aus. Somit können auch ordinale Daten nicht arithmetischen Operationen unterzogen werden (Backhaus 2006, S. 5).

Koeffizienten die zur Berechnung bei Daten mit ordinal skalierten Merkmalen dienen sind: der *„Rangkorrelationskoeffizient ρ_R nach Spearman"*, der *„Rangkorrelationskoeffizient τ nach Kendall"*, und der *„Rangkorrelationskoeffizient γ nach Goodman-Kruskal"*.

Im Folgenden wird auf Grund seiner weiten Verbreitung und Anwendung ausschließlich auf den *„Rangkorrelationskoeffizient ρ_R nach Spearman"* eingegangen. Bei diesem Koeffizienten werden den ursprünglichen beiden Wertepaaren (x und y) Ränge zugeordnet. Man ordnet allen Werten x_1 bis x_n bzw. y_1 bis y_n als Rang die Platzzahl zu, die man bei größenmäßiger Anordnung aller Werte erhält. Damit ergeben sich aus den Ursprünglichen Messpaaren X und Y neue Rangdaten (rg x(i), rg y(i)) mit i= 1,....n) . Treten in den Messungen gleiche Messwerte (Ties bzw. Bindungen) auf, behilft man sich mit den jeweiligen Durchschnittsrängen. Der *„Rangkorrelationskoeffizient ρ_R nach Spearman"* ergibt sich nun als der Bravais-Pearson Korrelationskoeffizient, angewandt auf die Rangpaare rg[y(i)], rg [x(i)], i= 1,....n.

Hieraus ergibt sich die Formel :

$$\rho_R = \frac{\sum (rg(x_i) - \overline{rg_x})(rg(y_i) - \overline{rg_y})}{\sqrt{\sum (rg(x_i) - \overline{rg_x})^2 \sum (rg(y_i) - \overline{rg_y})^2}}$$

Die Mittelwerte der Ränge sind durch $\overline{rg_x} = \dfrac{1}{N} \sum\limits_{i=1}^{n} rg(x_i)$ und $\overline{rg_y} =$

$\dfrac{1}{N} \sum\limits_{i=1}^{n} rg(y_i)$ gegeben (Fahrmeier 2003, S. 140).

Der Wertebereich des *Rangkorrelationskoeffizient ρ_R nach Spearman* liegt zwischen
–1 und +1. Der Wert -1 wird genau dann erreicht, wenn die Rangnummern genau
entgegengesetzt verlaufen. (Rang 1 für Merkmal x entspricht dem N-ten Rang y) Eine
Wert von + 1 wird genau dann erreicht, wenn die Rangnummern genau gleich
verlaufen (Rang 1 für Merkmal x entspricht Rang 1 bei Rang y)(Schulze 2000,
S.122). Ist $\rho_R > 0$ herrscht ein gleichsinniger monotoner Zusammenhang. (Wächst x,
dann wächst auch y strikt). Ist $\rho_R < 0$ herrscht ein gegensinniger monotoner
Zusammenhang (Wächst x, dann fällt y strikt). Ist $\rho_R = 0$ herrscht kein monotoner
Zusammenhang (Fahrmeier 2003, S. 141).

Beispiel 3: Es wird das vorherige Beispiel aufgreifen, doch dieses mal soll der
„Rangkorrelationskoeffizient ρ_R nach Spearman" berechnet werden.

Gegeben: **Berechnung von Hilfsgrößen:**

Filialen	Verkaufs-fläche	Jahres-umsatz
	x(i)	y(i)
1	0,60	3,00
2	1,60	7,00
3	0,50	3,50
4	1,40	6,50
5	0,90	5,00
SUMME	5,00	24,50

Fili-ale	rg X(i)	rg Y(j)	rg x(i)-rg X	rg Y(j)-rgY	(rg x(i)-rg X)²	(rg y(j)-rg Y)²	(rg x(i) - rg X)(rg y(j) - rg Y)
1	4	5	1	2	1	4	2
2	1	1	-2	-2	4	4	4
3	5	4	2	1	4	1	2
4	2	2	-1	-1	1	1	1
5	3	3	0	0	0	0	0
Σ	15	15			10	10	9
rg	3	3					

(Abb. nach Schulze 2000, S. 130)

Berechnung des Rangkorrelationskoeffizient ρ_R nach Spearman:

$$\rho_R = \frac{9}{\sqrt{10*10}} = 0{,}9$$

7

Antwort: Es gibt einen starken Zusammenhang zwischen der Verkaufsfläche einer Filiale und deren Jahresumsatz.

Wir sehen, dass der *„Rangkorrelationskoeffizient* ρ_R *nach Spearman"* und der *„Korrelationskoeffizient* ρ *nach Bravais-Pearson"* zu einem ähnlichen Ergebnis kommen. Merkmale mit einem hohen Niveau der Merkmalsausprägungen können also die Koeffizienten von niedrigeren Skalenniveaus nutzen. Jedoch ist dies mit einem Verlust von Präzision verbunden.

4. Scheinkorrelation und Kausalität

Bisher wurden in den Ausführungen lediglich statistische Verfahren dargestellt, die Zusammenhänge anhand von messbaren Werten angeben. Jedoch bekommen wir durch diese Verfahren nur dann verwertbare Ergebnisse, wenn vor der Daten-erhebung bestimmte Vorraussetzungen beachtet wurden. Bei Erhebungen ist es wichtig auf die kausalen Zusammenhänge von Variablen zu achten. Eine Variable X kann nur dann als direkte Ursache für Variable Y angesehen werden, wenn eine Veränderung von X eine Veränderung von Y bewirkt. Dabei ist darauf zu achten, dass alle anderen Faktoren, die nicht kausal von X abhängen, konstant gehalten werden. (Backhaus 2006, S. 344). Nur so ist es möglich das Risiko von Unsinns- oder Scheinkorrelationen zu vermeiden. Bei Unsinn- oder Scheinkorrelationen handelt es sich um Korrelationen von Merkmalsausprägungen, die nur „scheinbar" in einem Zusammenhang stehen. In Wirklichkeit gibt es zwischen diesen beiden Merkmalen keinen kausalen Zusammenhang. Die rechnerisch ermittelte Korrelation ist darauf zurückzuführen, dass eine dritte, nicht erfasste Größe, Ursache der Veränderungen der abhängigen Variablen ist (z.B.: die hohe Korrelation zwischen dem Rückgang der Zahl der Störche und der Zahl der Geburten; beide Beobachtungen werden durch die Industrialisierung verursacht und stehen in keinem ursächlichen Zusammenhang). Deshalb sollte bevor eine Korrelationsanalyse durchgeführt wird aus fachwissenschaftlicher Sicht bereits ein Zusammenhang vermutet werden (Schulze 2000, S. 116). Dennoch können Irrtümer, vor allem in komplexen Situationen, mit verschiedensten Variablen und Beeinflussungs-möglichkeiten, nie völlig ausgeschlossen werden. Auch hier gilt, dass Ergebnisse aus der Analyse nur so lange gelten, wie die Falsifikation zu gleichen Ergebnissen kommt.

Literaturverzeichnis

Backhaus, K. & Erichson, B. & Plinke, W. (2000). *Multivariante Analysemethoden* (9., überarb. u. erw. Aufl.). Berlin u.a.: Springer.

Benninghaus, H. (2001). *Einführung in die sozialwissenschaftliche Datenanalyse* (6., überarb. Aufl.). München u.a.: Oldenbourg.

Bohley, P. (2000). *Statistik. Einführendes Lehrbuch für Wirtschafts- und Sozialwissenschaften* (7.; gründlich überarb. und aktualisierte Aufl.). Berlin u.a.: Springer.

Fahrmeier, L. & Künstler, R. & Pigeot, I. & Tutz, G. (2004). *Statistik. Der Weg zur Datenanalyse* (5. Aufl.). Berlin u.a.: Springer.

Mosler, K. & Schmid, F. (2005). *Beschreibende Statistik und Wirtschaftsstatistik* (2. Aufl.). Berlin u.a.: Springer.

Rönz, B. & Förster, E. (1992). *Regressions- und Korrelationsanalyse. Grundlagen – Methoden – Beispiele*. Wiesbaden : Dr. Th. Gabler GmbH.

Schulze, P. M. (2000). *Beschreibende Statistik*. (4., erg. Aufl.). München u.a.: Oldenbourg.